庄婧 著　大橘子 绘

九州出版社
JIUZHOUPRESS

图书在版编目（CIP）数据

这就是天气．1，这就是风 / 庄婧著 ；大橘子绘
．-- 北京 ：九州出版社，2021.1
ISBN 978-7-5108-9712-2

Ⅰ．①这… Ⅱ．①庄… ②大… Ⅲ．①天气－普及读
物 Ⅳ．①P44-49

中国版本图书馆 CIP 数据核字（2020）第 207924 号

这就是天气

作　　者 庄　婧　著　大橘子　绘
出版发行 九州出版社
地　　址 北京市西城区阜外大街甲 35 号（100037）
发行电话 （010）68992190/3/5/6
网　　址 www.jiuzhoupress.com
电子信箱 jiuzhou@jiuzhoupress.com
印　　刷 天津市豪迈印务有限公司
开　　本 720 毫米 ×1000 毫米　16 开
印　　张 21.75（全 10 册）
字　　数 50 千字（全 10 册）
版　　次 2021 年 1 月第 1 版
印　　次 2021 年 1 月第 1 次印刷
书　　号 ISBN 978-7-5108-9712-2
定　　价 200.00 元（全 10 册）

序言

什么是天气？理论上来讲，天气是指某一时间某一地区以各种气象要素所确定的大气状况。从日常生活角度来说，天气是春天吹动柳枝的微风，是夏天洗刷闷热的暴雨，是秋天一望无垠的碧空，是冬天晶莹飘洒的白雪。人类对天气可谓既熟悉又陌生——“熟悉”，是因为我们和天气形影不离，对它们已经司空见惯到很少去关注，除非它有可能影响我们正常的外出活动；“陌生”是因为我们从未真正将它摸透，引起各种天气变化的大气运动相互交织，经常会跟我们的天气预报开个小玩笑。人类认识天气的过程始终是为了更好地预报天气，一方面尽可能减少灾害性天气给人们日常生活带来损失，另一方面尽可能多地利用诸如太阳能、风能等自然能源为人类造福。

天气与我们的日常生活和生产息息相关。昼夜更替、四季更迭、风霜雨雪，天气对人类生活的影响和控制似乎是显而易见的。与此同时，人类活动对天气造成的影响正在变得越来越显著。随着地球人口不断增长，城市化进程加剧，人类生活和生产的排放改变了大气原有成分构成，温室气体排放加剧了全球变暖，氟利昂滥用导致平流层臭氧减少，细颗粒物增多带来严重空气污染……这些都是人类在 21 世纪所面临的严重环境问

题，是人类对地球资源无节制使用所造成的后果。所以，天气不仅是影响人类日常生活的重要现象，同时也是表征大自然本身健康与否的关键所在。

本套丛书一共十本，以漫画形式为载体，基于气象学原理，从科学探索的角度简明有趣地介绍了种种天气学主题知识：一切天气现象本源的太阳光照，气象基本要素的风、温度、湿度，天气现象的雨、雪、霜、雾霾，以及造成天气变化的天气系统强对流和气旋。丛书将天气主题知识拟人化，让它们以第一人称口吻轻巧生动、脉络清晰地讲述了天气过程和现象的基本物理原理。其中还穿插了天气预报工作中的实际案例、经验总结，大大增强了阅读性及说服力。

希望本套丛书所介绍的天气学知识，能够激发小读者们对天气现象及形成原理的兴趣和好奇心，在感受变化万千的天气过程中，理解人类与大自然之间紧密而又脆弱的联系，从而激励更多的人身体力行地支持和加入日常环境保护事宜之中。

庄婧

目录

什么是风

风是由空气流动引起的一种自然现象。

所以有空气的地方就有风？
?
不！

空气的流动需要一个作用力，而赋予这个力的幕后推手就是——太阳。

风是怎样形成的

地表的状况不同，太阳光的照射使其受热程度也不同。

受热多的地方，空气膨胀上升，密度变小，低层气压降低，在近地面形成低压区。
低
高
受热少的地方，空气便会收缩，密度变大，低层气压升高，在近地面形成高压区。

就像瀑布的水是从高处往低处流一样，空气也会从高压流向低压。
高
低

于是风就形成了。
大家好！我是风。

不过风并不会从高压直直地吹向低压。由于地球的自转，空气在由高压向低压流动的过程中会发生偏移。

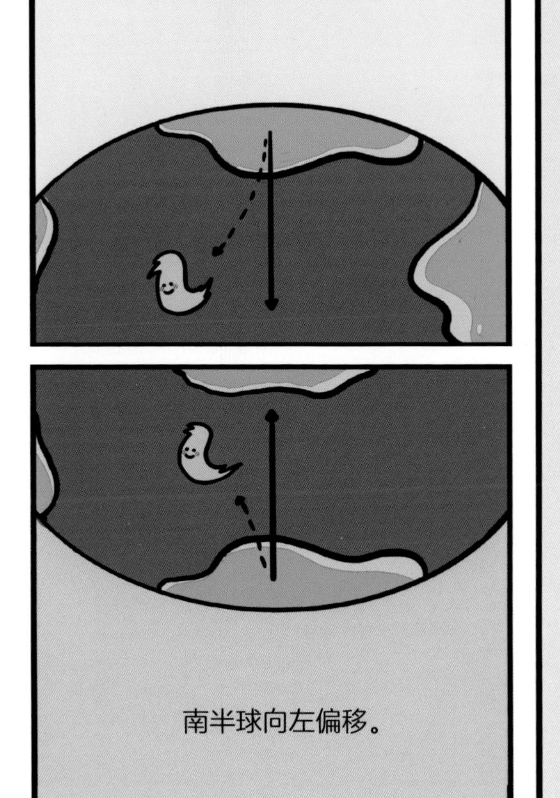
北半球向右偏移。
南半球向左偏移。

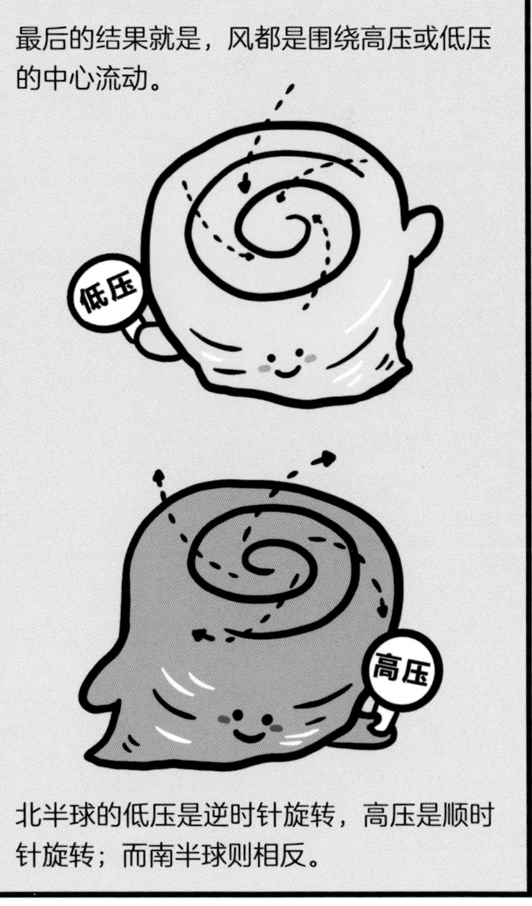
最后的结果就是，风都是围绕高压或低压的中心流动。
低压
高压
北半球的低压是逆时针旋转，高压是顺时针旋转；而南半球则相反。

海陆风

这样说来，我们随处可以感知的无处不在的风都很好解释啦，就举个海陆风的例子，来进一步认识一下它吧。
热
低
水的热容量高于路面，加热、冷却的速度都要慢一些。
高
冷
白天——陆地受热多，增温快，空气受热膨胀上升，便会形成由海洋吹向陆地的海风。

冷
高
热
低
夜晚——海洋降温慢，便会形成由陆地吹向海洋的陆风。

季风和信风

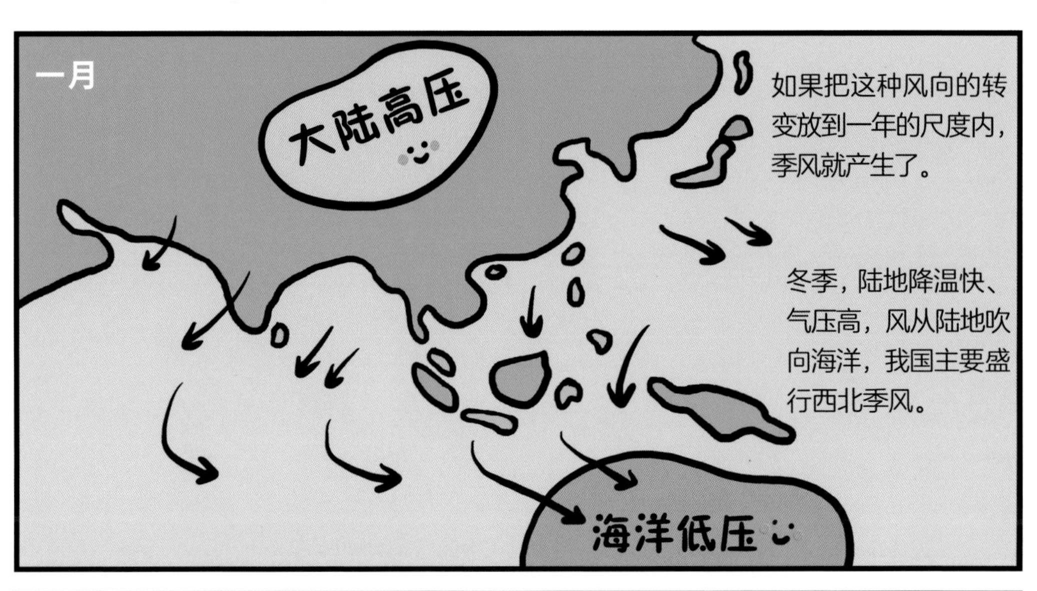

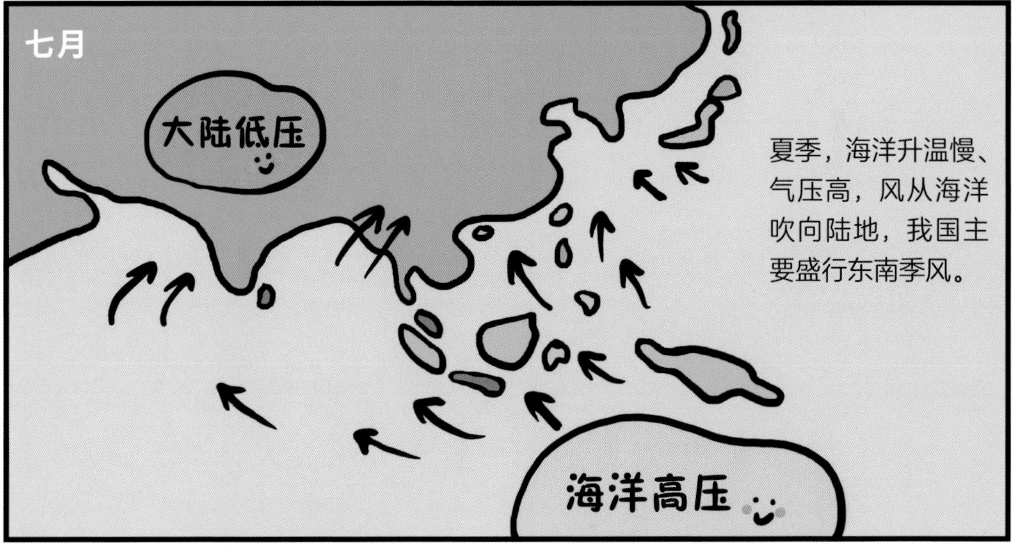

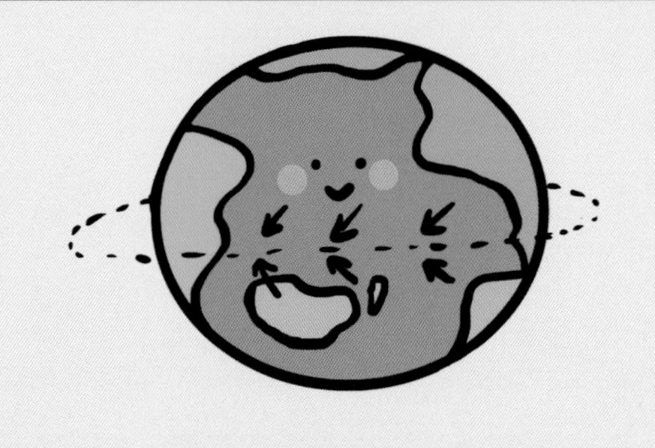

古时的航海，便是乘了季风主导风向的便利，而在航海的途中又发现了“信风”。赤道附近风力和风向变化都很小，相对稳定，这就是信风。北半球是东北信风，南半球是东南信风。

风向和风速

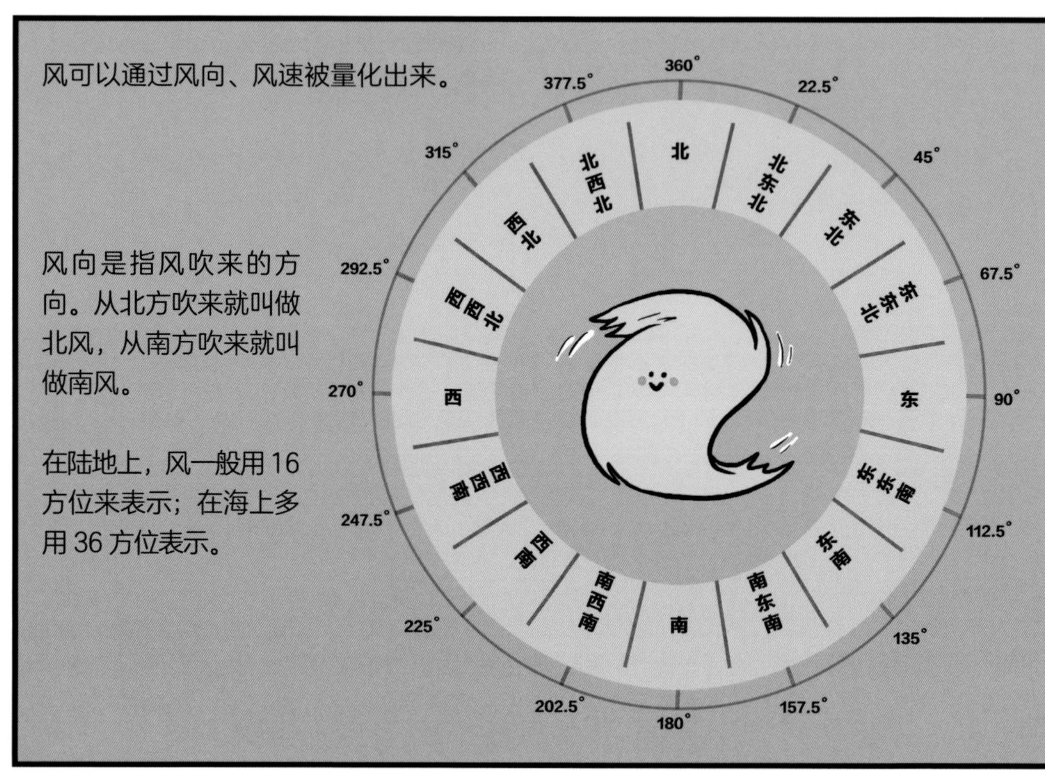
风可以通过风向、风速被量化出来。
风向是指风吹来的方向。从北方吹来就叫做北风，从南方吹来就叫做南风。
在陆地上，风一般用 16 方位来表示；在海上多用 36 方位表示。
360°
22.5°
45°
67.5°
90°
112.5°
135°
157.5°
180°
202.5°
225°
247.5°
270°
292.5°
315°
377.5°
北
北东北
东北
东东北
东
东东南
东南
南东南
南
南西南
西南
西西南
西
西西北
西北
北西北

风速是风的前进速度。相邻两地间的气压差越大，空气流动越快，风速越大。通常用风级来表示风的大小。
在天气预报中，诸如“北风 3 到 4 级”之类的用语，所指的是平均风，“阵风 7 级”之类的就是瞬时风了。

风力等级

软风：风力 1 级
风向标不会动。
N
W

轻风：风力 2 级
人面感觉有风。

微风：风力 3 级
树叶摇动。

和风：风力 4 级
能吹起地面灰尘和纸张。

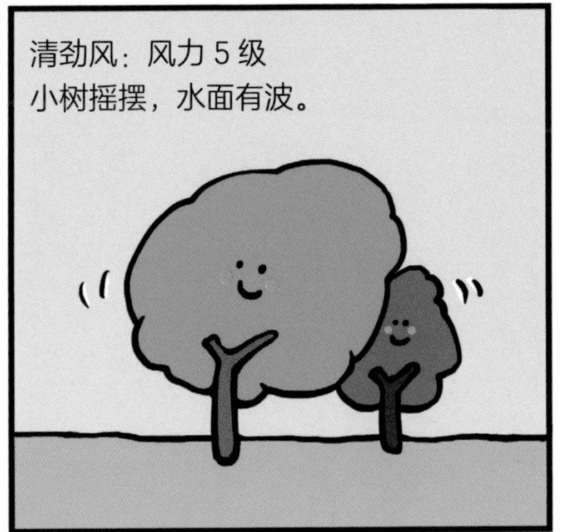
清劲风：风力 5 级
小树摇摆，水面有波。

强风：风力 6 级
大树摇动，举伞困难。

疾风：风力 7 级
全树摇动，迎风步行感觉不便。

大风：风力 8 级
树枝折断，人行向前感觉阻力大。

烈风：风力 9 级
建筑物有小损坏。

狂风：风力 10 级
陆地上少见，可拔起树木，建筑物严重受损。

暴风：风力 11 级
陆地上很少见。

飓风：风力 12 级
陆地上极少见，摧毁力极大。

人体能抵抗住多大的风

当风力达到 6 级的时候，就已经超过了短跑世界冠军博尔特的速度。

7~8 级大风，大致相当于汽车在市区的行驶速度。

8~9 级大风，相当于地铁高速行驶的速度，瘦子就站不住了。

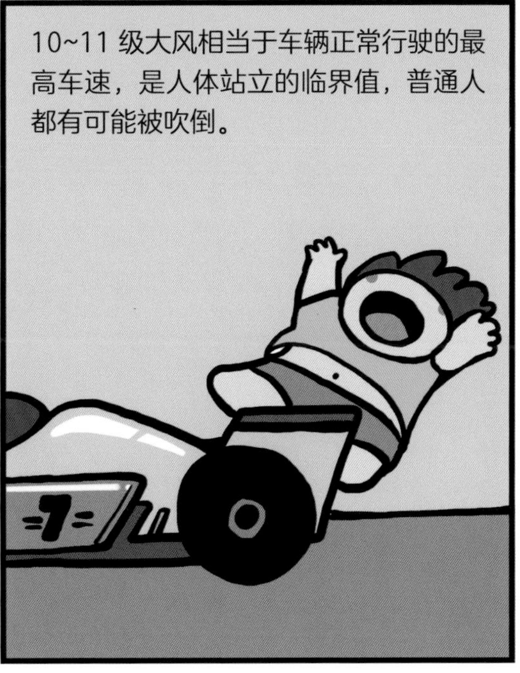
10~11 级大风相当于车辆正常行驶的最高车速，是人体站立的临界值，普通人都有可能被吹倒。

12 级或以上的大风如果沿水平方向吹，那你就会一路跌跌撞撞翻跟斗。如果碰到一个向上的斜坡，那你就能轻轻松松飞上天啦。

根据统计，最强的飓风风速能达到约 320 千米 / 小时（已经超出了风力等级的范畴），阵风的风速甚至可能高达 400 千米 / 小时。

320

风矢量

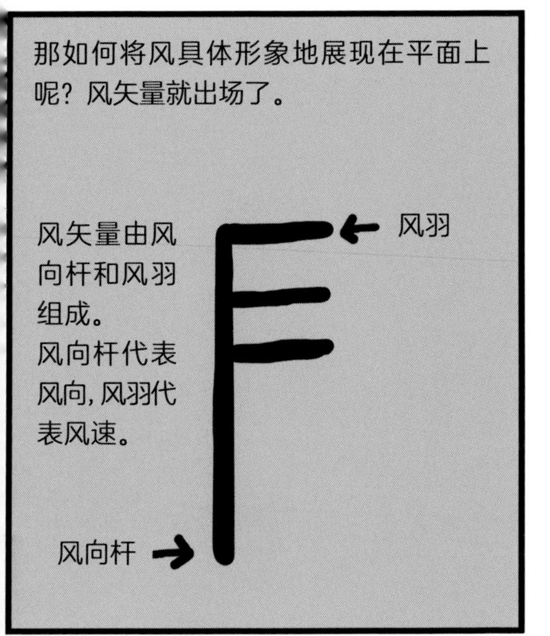

那如何将风具体形象地展现在平面上呢？风矢量就出场了。
风矢量由风向杆和风羽组成。
风向杆代表风向，风羽代表风速。
风羽
风向杆

风三角表示
20 米 / 秒
一条长划线表示
4 米 / 秒
一条短划线表示
2 米 / 秒

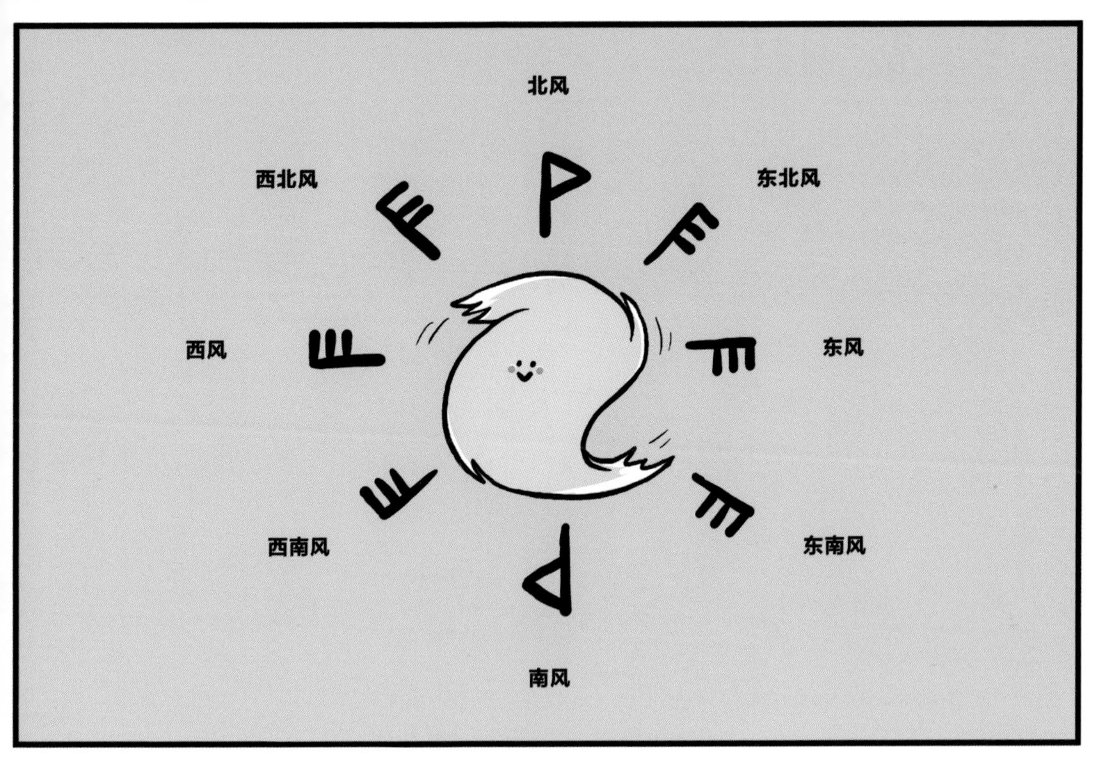

北风
西北风
东北风
西风
东风
西南风
东南风
南风

风玫瑰图

在气象上还有一种专业的图形——风玫瑰图。
它用来专业统计某个地区一段时期内风向、风速的发生频率。
成绩单

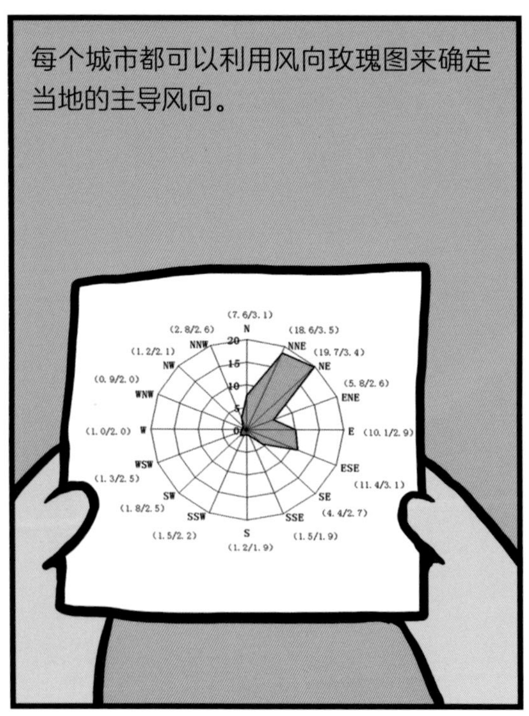
每个城市都可以利用风向玫瑰图来确定当地的主导风向。
N (7.6/3.1)
NNE (18.6/3.5)
NE (19.7/3.4)
ENE (5.8/2.6)
E (10.1/2.9)
ESE (11.4/3.1)
SE (4.4/2.7)
SSE (1.5/1.9)
S (1.2/1.9)
SSW (1.5/2.2)
SW (1.8/2.5)
WSW (1.3/2.5)
W (1.0/2.0)
WNW (0.9/2.0)
NW (1.2/2.1)
NNW (2.8/2.6)
0
5
10
15
20

严重污染大气的工厂，应该选择建在城市主导风向的下风口或者垂直两侧地带。
对不起，你们不能留在这个城市了！

风的特征

越往高空走，空
气越稀薄，摩擦
越小，空气阻力
也就越小。
在大约 9000 米以上的高空有一条狭长
的风带，称为急流。

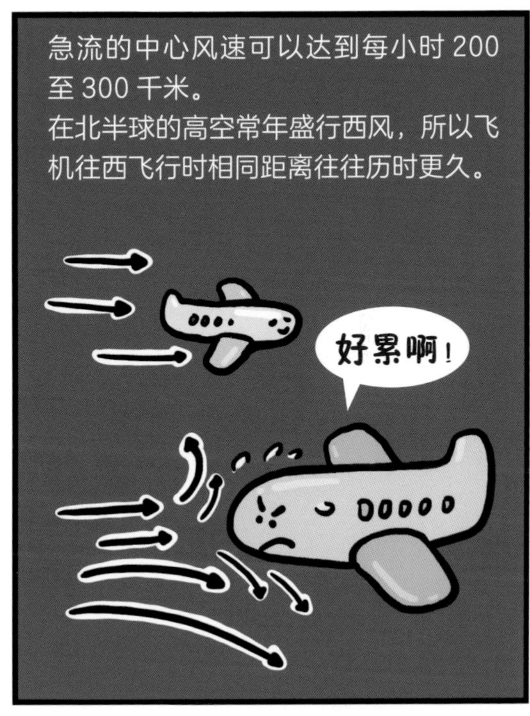
急流的中心风速可以达到每小时 200
至 300 千米。
在北半球的高空常年盛行西风，所以飞
机往西飞行时相同距离往往历时更久。
好累啊！

峡谷或海峡的风要比空旷地更大，这叫
“狭管效应”。
“狭管效应”是指在峡谷或海峡区域的
风速大大增强的现象。在城市中，这一
现象在风通过高楼之间的狭窄地带时也
会出现。

这是因为当气流由开阔地带流入狭窄地
带时，由于空气不能大量堆积，于是就
会加速流过。
冲呀！

春天的风

春天的风可以温柔地吹暖大地。

也可以凶猛地带来灾害。

杜甫有诗：“漫道春来好，狂风大放颠。
吹花随水去，翻却钓鱼船。”
在我国北方，春季是一年当中风最大的季节，刮大风的日数多，风力也相对较大。

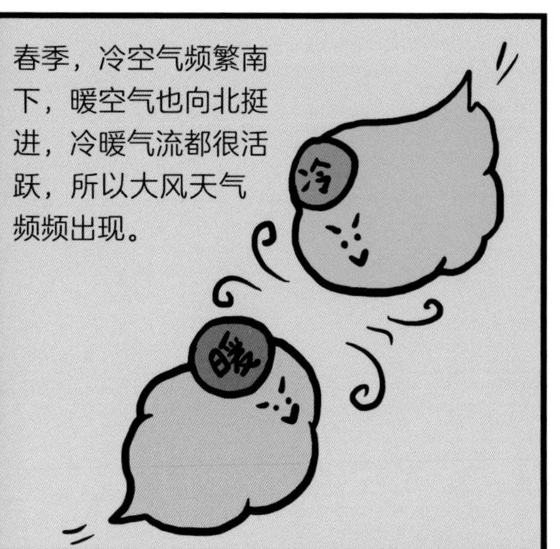

动量下传一般在晴朗的午后最容易发生，傍晚风力就会逐渐减小。

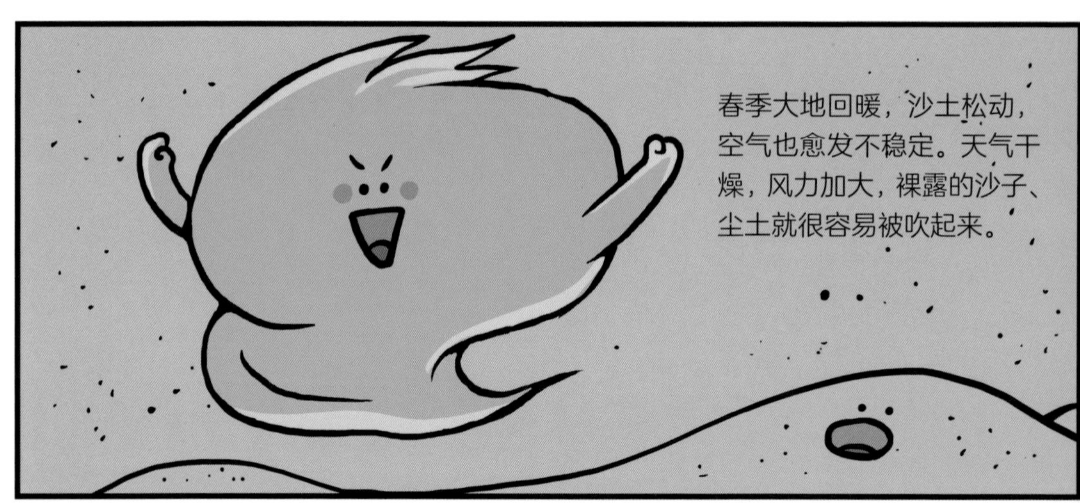
春季大地回暖，沙土松动，
空气也愈发不稳定。天气干
燥，风力加大，裸露的沙子、
尘土就很容易被吹起来。

如果吹起的沙尘使水平能
见度小于 1 千米，那就是
沙尘暴了。

沙尘暴按照风力和能见度的不同
分为不同的等级，最强的就是我
们俗称的“黑风暴”，风速能超
过 25 米 / 秒，相当于汽车的行
驶速度了。

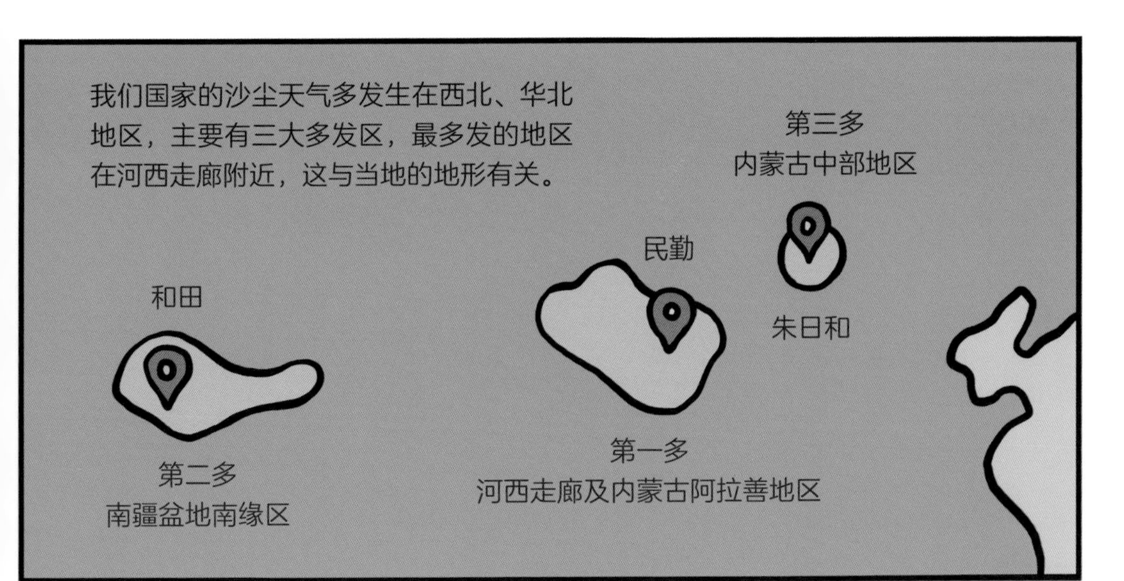

所以，我们大家要共同努力——

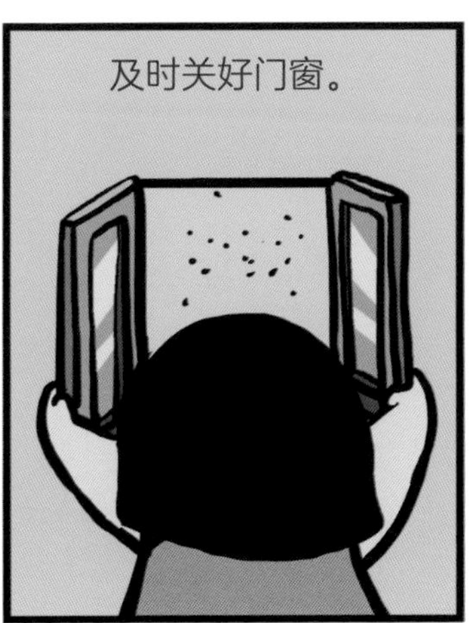

春季降雨量和植物体内的含水量都比较
少，零星的火点就有可能引发燎原大火。

大风可以把物品吹干，并使火源得到充分的氧气供应并加速燃烧，还可以把燃烧着
的物体刮到其他可燃物所在范围内，使火势迅速蔓延扩大。

在森林防火季，我们一定要严格遵守林区管理规定

夏天的风

夏天是一年当中风力最小的季节。

司马光曾有“更无柳絮因风起，唯有葵花向日晴”的诗句。
夏季的风通常会携带大量水汽，带来丰沛的降雨。

但初夏季节我国一些地区也会有一种灾害性的风——干热风。
干热风是一种高温干燥并伴有一定风力的风，主要出现在黄淮、江淮地区以及长江中下游平原，是农业生产中不可忽视的农业气象灾害。

秋天的风

秋风素来有“金风”的美称，
所到之处暑热消退，硕果累累。

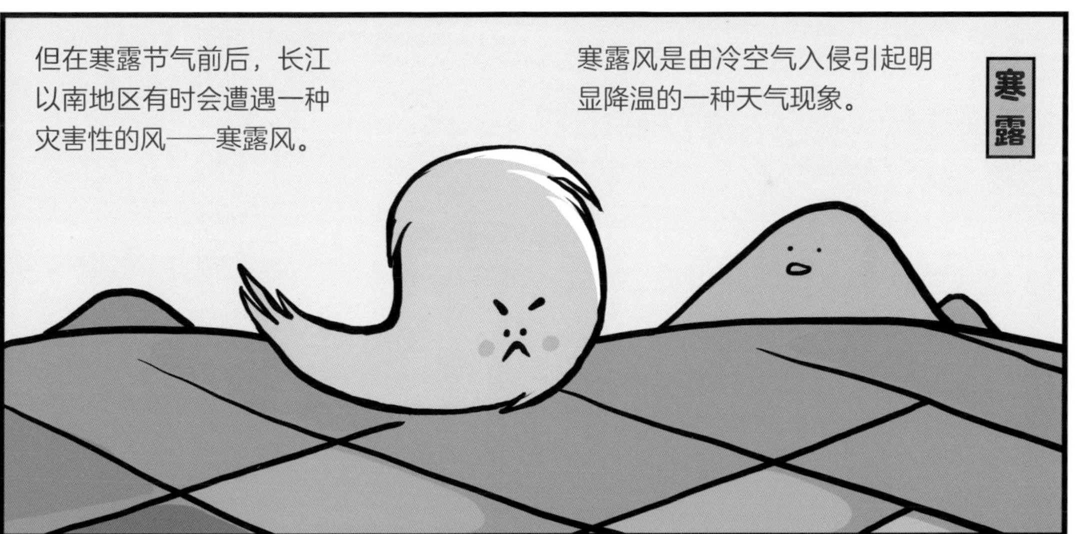

但在寒露节气前后，长江
以南地区有时会遭遇一种
灾害性的风——寒露风。
寒露风是由冷空气入侵引起明
显降温的一种天气现象。
寒露

每年 9~10 月期间，长江以南多数地
方还没有完全走出夏季，而北方的冷
空气已经开始发力南下，带来温度的
明显下降，使晚稻遭受低温危害。

夏秋季节也是台风多发的季节。
台风能掀起巨大的海浪，
可以把万吨巨轮抛向半空
拦腰折断。

如果遇到天文大潮，还会引起严重的风暴潮，冲毁
海堤海塘，淹没码头、城镇和村庄。

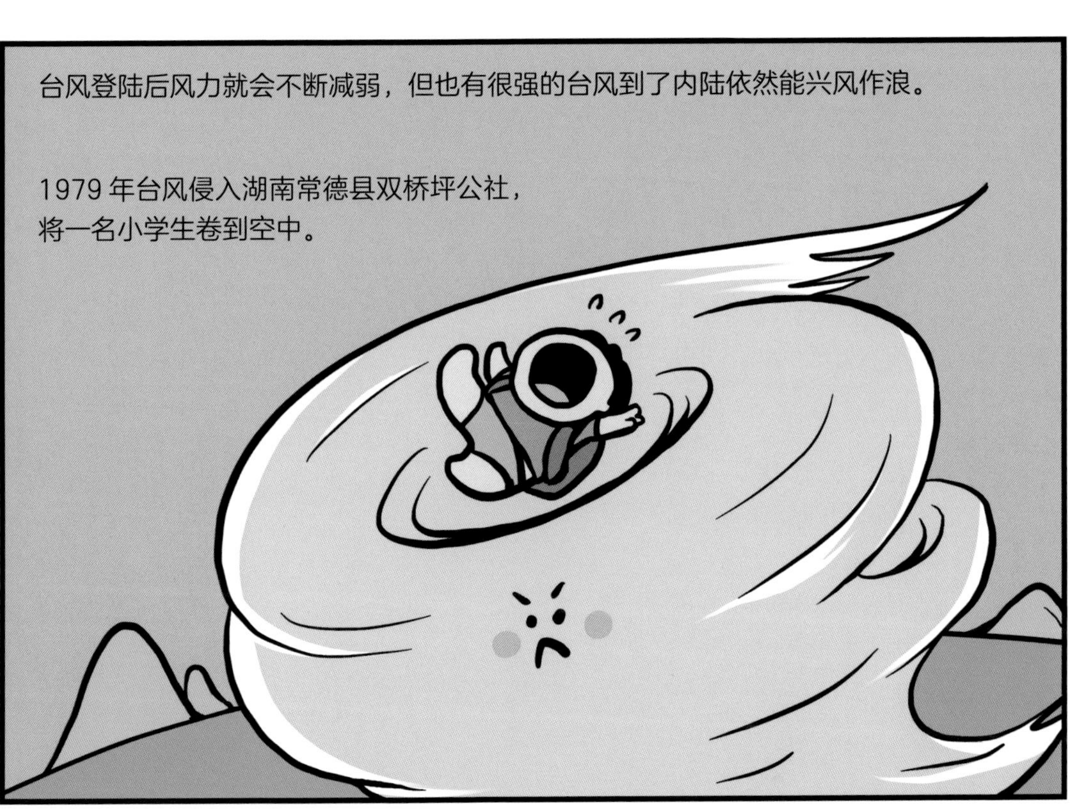
台风登陆后风力就会不断减弱，但也有很强的台风到了内陆依然能兴风作浪。
1979 年台风侵入湖南常德县双桥坪公社，
将一名小学生卷到空中。

不过台风也是有好处的，它不仅是宝贵的风能资源，还可以将江海底部的
营养物质卷上来，吸引鱼群在靠近水面位置聚集，增加捕鱼产量。

冬天的风

冬季就是寒风的天下了。

这个时候北极地区会形成范围很大的冷气团，在适宜的高空大气环流作用下，冷气团大规模向南入侵，形成寒潮天气。

寒潮所过之处，气温急剧下降、风力骤然增强。
这时候如果出现降雪就很容易形成风吹雪的恶劣天气。

冬季我们通常会有这样一种感觉：同样的温度下，大风天比静风的时候更冷。

这是“风寒效应”的体现。

当风大的时候，空气分子交换频率加快，人体周围的热空气就会不断被新来的冷空气代替，使得热量被带走。

举个例子说吧，在 3 级风时，人体感觉气温为 5℃的话，5 级风时就会感到气温像 0℃一样。
冻小手

而当 7 级风时，人就会感觉和 -3℃差不多。
冻小脸

大风（除台风外）预警信号由弱到强分为蓝色、黄色、橙色、红色四个等级

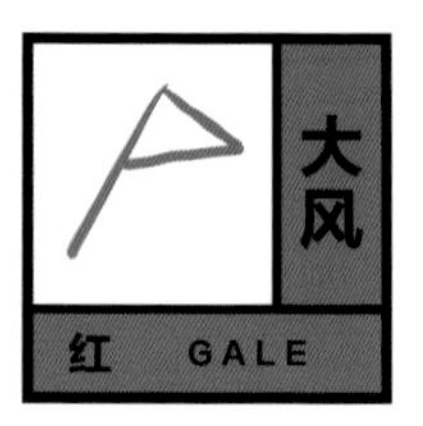

大风来临时我们应该怎么如何应对？

风能

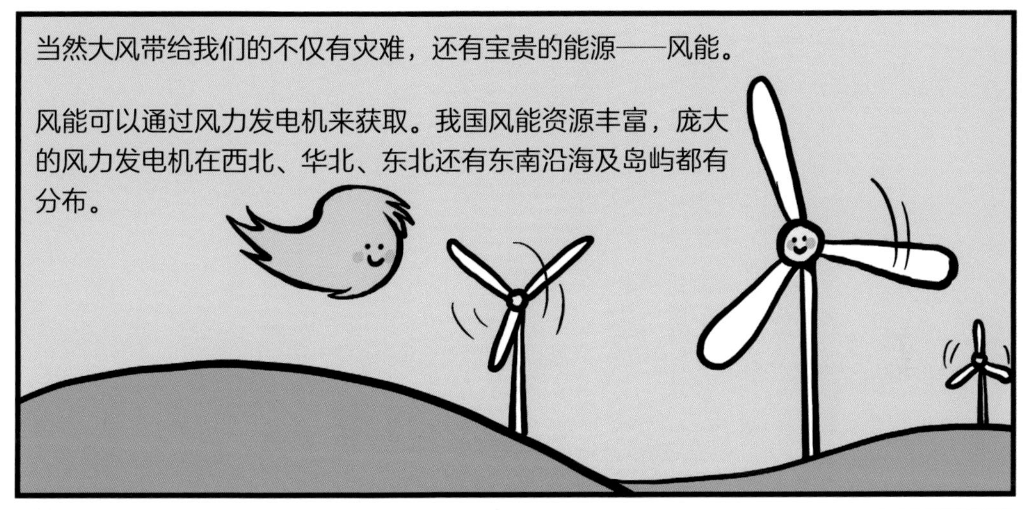
当然大风带给我们的不仅有灾难，还有宝贵的能源——风能。
风能可以通过风力发电机来获取。我国风能资源丰富，庞大的风力发电机在西北、华北、东北还有东南沿海及岛屿都有分布。

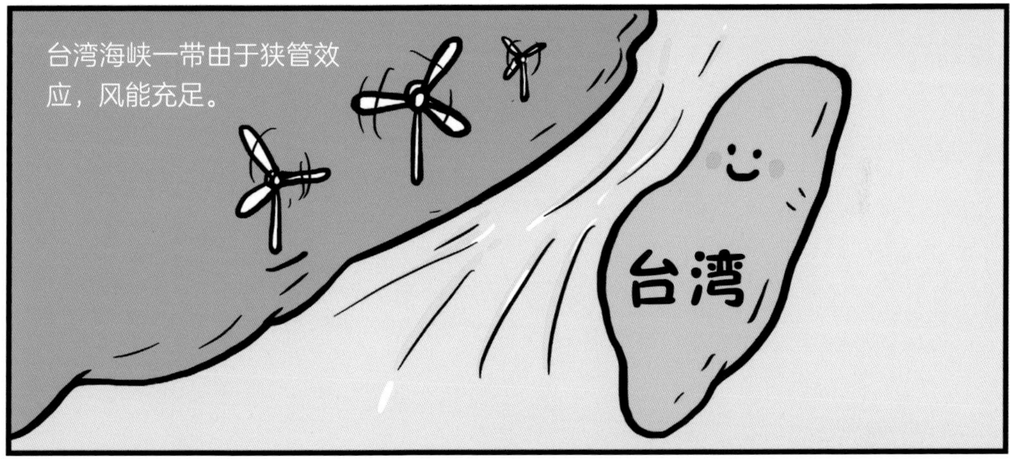
台湾海峡一带由于狭管效应，风能充足。
台湾

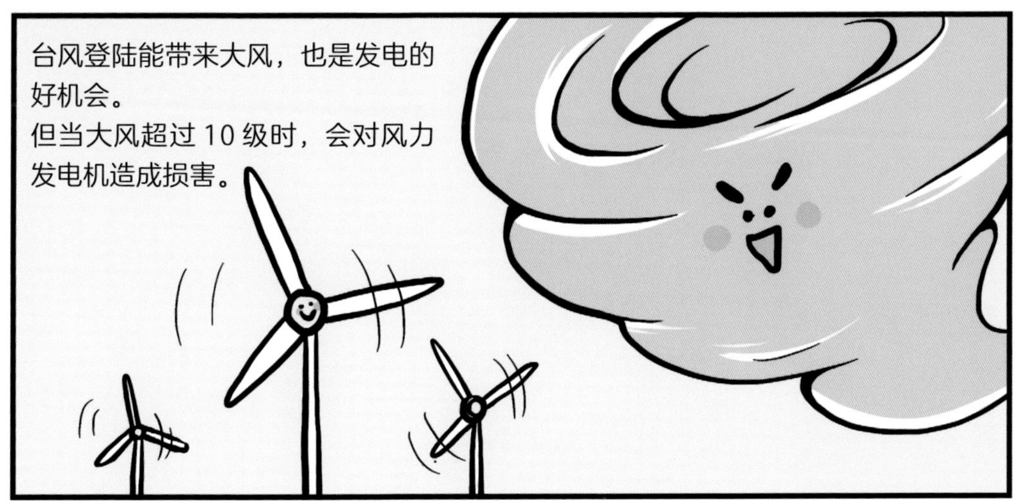
台风登陆能带来大风，也是发电的好机会。
但当大风超过 10 级时，会对风力发电机造成损害。

词汇表

风　空气的流动现象，气象学中常指空气相对于地面的水平运动。

低压　占有三度空间的，同一高度上中心气压低于四周的大尺度涡旋。

高压　占有三度空间的，同一高度上中心气压高于四周的大尺度涡旋。

热容量　简称热容，在一定过程中，物体温度升高（降低）1°C所需吸收（释放）的热量。

海陆风　由于海陆表面受热不均而形成的白天由海面吹向陆面、夜间由陆面吹向海面的风。

季风　盛行风向一年内呈季节性近乎反向逆转的现象。

信风　底层大气中，由副热带高压南侧吹向赤道附近低压区的大范围气流。

急流　大气层中一股强而窄的气流，一般长数千千米，宽数百千米，厚数千千米。

狭管效应　气流经过峡谷或海峡时风速增大的现象。

风速　单位时间内空气移动的距离。

风级　风强度的一种表示方法。国际通用的蒲福风级是由英国人蒲福于1805年拟定的。

风向　风的来向。

风矢量　天气图上表征风的方向和风速大小的图示。

风玫瑰　又称风花图。它是根据地面风的观测结果，表示不同风向或风速相对频率的星形图解。

动量下传　大气中高层的动量通过某种过程向下层传播，使低层动量增加、风速加大的过程。

寒潮　由来自高纬度地区的寒冷空气向中低纬度地区入侵，造成沿途地区剧烈降温、大风和雨雪的天气现象，这种冷空气南侵达到一定标准就称为寒潮。

沙尘暴　又称沙暴或尘暴。强风将地面尘沙吹起，使空气浑浊、水平能见度小于 1 千米的天气现象。

风吹雪　分高吹雪和低吹雪两种。强风将地面积雪吹起，高达 2 米以上并使水平能见度小于 10 千米的称为高吹雪；低于 2 米而对水平能见度并无多大影响的称为低吹雪。

黑风暴　瞬间风速较强、能见度特低的一种强沙暴天气。它是河西走廊和南疆盆地南缘独有的罕见天气现象。

风蚀　风对沙、尘的吹扬磨蚀作用，是土壤侵蚀的一种，多发生在大风频繁、天气干燥、植被稀少的地区。

台风　发生在西北太平洋和南海海域的较强热带气旋系统。

风暴潮　也称气象海啸或风暴海啸，由于大风和伴随大风的台风或强低压引起气压巨变而导致海面异常显著的升降现象。

风能　空气运动的动能。